Goldendoodle
Theres Behneman

Danksagung

Ich möchte mich bei meiner Familie für ihr Verständnis und die Geduld bedanken, denn mein Hobby ist doch recht zeitaufwändig…

Ein großes Dankeschön an Nifi für ihre technische Unterstützung!

Dank auch an meine Goldendoodle Freunde, die mir mit tollen Fotos zur Seite standen.

Theres Behnemann

Goldendoodle

Herstellung und Verlag:
Books on Demand GmbH
Norderstedt
ISBN: 978-3-8391-1377-6

Zur Autorin:

Theres Behnemann betreibt neben ihrer Tätigkeit als Sozialpädagogin in einer Werkstatt für behinderte Menschen eine Hobby- Golden Retriever und Goldendoodlezucht.

Ihre langjährige Zuchterfahrung möchte sie den Lesern des Buches zum Kennen lernen der Goldendoodle zur Verfügung stellen. Tiergestützte Therapien, Begleithundausbildung sowie Erfahrungen mit Tierhomöopathie gehören für sie zu einer erfolgreichen Zucht.

Ihre eigene Homepage können Sie besuchen:

www.goldendoodle.beepworld.de

Theres Behnemann mit Goldendoodlewelpen

Inhalt

Vorwort S.8

Einleitung S.9

Was ist ein Goldendoodle? S.10

Die Geschichte des Goldendoodle S.18

Zur Entwicklung des Goldendoodle S.26

Goldendoodle Rassestandards oder Richtlinien S.31

Der Welpenkauf S.33

Der Welpe kommt nach Haus S.41

Die Erziehung des Welpen S.46

Die Fellpflege des Goldendoodle S.56

Aktivitäten und Tiergestützte Therapie mit dem Goldendoodle S.61

Goldendoodle Zucht S.66

Abschlussworte S.74

Der Hund ist das einzige Wesen auf Erden,
das dich mehr liebt, als sich selbst.

Seine kalte Schnauze ist erfreulich warm, gegenüber der Kaltschnäuzigkeit mancher Mitmenschen.

Wir schenken unseren Tieren ein klein wenig Liebe und Zeit, dafür schenken sie uns restlos alles, was sie zu bieten haben.

Es ist zweifellos das beste Geschäft, das der Mensch je gemacht hat.

Kein Psychiater der Welt, kann es mit einem kleinen Hund aufnehmen, der einem das Gesicht leckt.
Eins der Dinge, die nicht für Geld zu haben sind, ist das Schwanz wedeln eines Hundes.

Woran sollte man sich von endloser Verstellung, Falschheit und Heimtücke des Menschen erholen, wenn nicht die Hunde wären, in deren ehrliches Gesicht man ohne Misstrauen schauen kann.

Unbekannter Dichter

Vorwort

Wer sich mit dieser neuen Züchtung näher beschäftigen möchte, oder einfach mehr über Goldendoodles erfahren will, dem sei dieses Buch empfohlen.

Diese lernfreudigen und gelehrigen Hunde werden nicht nur wegen ihrer Allergiefreundlichkeit die Welt erobern, sondern schlicht und einfach weil es tolle Hunde sind.

Es gibt, bis zum heutigen Tag, noch kein Buch über Goldendoodles in deutscher Sprache, das sich ausführlich mit dieser Rasse befasst und den richtigen Umgang mit ihnen behandelt.

Ich selbst stieß durch meine Golden Retriever Zucht auf das Thema Allergie. Dies war mein Impuls eine Recherche zu beginnen und die Geburtsstunde meiner Goldendoodle.

Einleitung

Sue Hazard aus England züchtete das erste offiziell bekannte Mal im Jahr 1963 mit ihrem Golden Retriever und einen Pudel.

Sie nannte diese Mischung „ Goodles“.

Einen dieser Welpen behielt sie selbst. Das anfänglich zurückhaltende Welpenmädchen eroberte schnell das Herz ihrer Familie. Auffallend waren ihr schönes Aussehen, das blonde lockige Fell und ihr bezauberndes Wesen.

Aus Überlieferungen geht hervor, dass die Züchterin damals einen Welpenpreis von 10 Dollar verlangte.
Es muss ein positiver Schock für Frau Hazard gewesen sein, zu sehen, wie aus ihren Goodles der 70 er Jahre ein heutiger Goldendoodle wurde.

Dies Buch will dabei helfen mehr über die Goldendoodles zu erfahren und wichtiges Wissen vermitteln.

Was ist ein Goldendoodle?

Diese Frage habe ich schon tausende Male beantwortet. Jeder, der selbst einen Goldendoodle sein Eigen nennt, wird nicht müde darüber zu berichten, dass jeder Dritte in einer neuen Stadt stehen bleibt und das Tier bewundert und fragt, was das denn für eine Rasse sei.

Kurzum Goldendoodles sorgen für Aufmerksamkeit und viele neue Kontakte, was auch schon ein therapeutischer Ansatz sein kann, aber nicht muss.

Was viele anfangs für eine verrückte Idee und gar nicht wirklich existierende Mischung hielten, gibt es aber weltweit schon länger als bei uns in Deutschland.

Goldendoodles zählen zu den so genannten Designerhunden des 21. Jahrhunderts und erobern nun Europa nachdem sie Australien und Amerika im Sturm begeistert haben.

Die ersten Goldendoodles hießen noch Goodles. Aus diesem ersten Namen ließ sich noch kein Rückschluss auf die Art der Rasse ziehen. Wenn man jedoch genau hinschaut, verrät der Name den Mix: Golden Retriever und Poodle (englisch Pudel).

Ich finde, einen treffenderen Namen hätte man dieser Kreuzung gar nicht geben können. Der Name klingt schon einfach süß und trifft den Punkt.

Diese neue Züchtung, denn als offizielle Rasse sind die Goldendoodles noch nicht anerkannt, ist eine wunderbare Symbiose von zwei äußerst tollen Hunden, die an Lernfreude und Intelligenz kaum übertroffen werden kann.

Der Goldendoodle wird in den USA seit den 90 er Jahren bewusst gezüchtet. Dabei sind der Pudel wegen seines allergikerfreundlichen und nicht haarenden Felles und der kinderliebe und gelehrige Golden Retriever zu einer Kreuzung nahezu prädestiniert.

Pudel sind bekannt als gut allergikerverträgliche, aktive, soziale und menschenbezogene Tiere.
Golden Retriever sind von Natur aus kinder- und menschenfreundlich und werden aufgrund dieser Eigenschaft überdurchschnittlich oft als Blinden und Therapiehunde ausgebildet und eingesetzt.

Beide Rassen sind schöne, leicht erzieh- und trainierbare, wasserliebende Hunde.

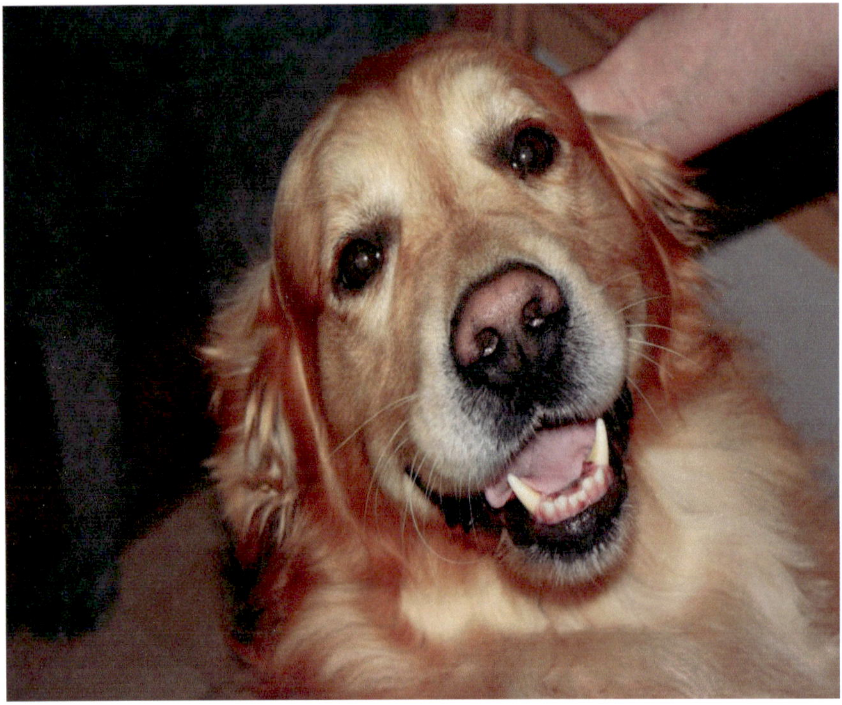

Klassischer Golden Retriever : Aurelius

Königs- oder Großpudel: Evita

Der für viele Jahre ignorierte Pudel erlebt nun in dieser, und auch anderen Mischungen eine Renaissance.

Königspudel und Golden Retriever im Vergleich

Stolze Eltern: Papa Aurelius und Mama Evita

Der Erfolg des Goldendoodles übertraf alle Erwartungen und findet täglich überall auf der Welt neue Liebhaber.

Die Geschichte des Goldendoodle

Der Goldendoodle wird seit den 90 er Jahren bewusst in den USA gezüchtet.

Seine Geschichte ist eng mit der anderer Pudel-Mischungen, wie beispielsweise der des Labradoodles (Kreuzung aus Labrador und Pudel) oder des Cockapoo(Kreuzung aus Cockerspaniel und Pudel) verknüpft.

Der Pudel wird wegen seines nicht haarenden und allergikerfreundlichen Felles bevorzugt mit anderen Rassen verpaart.

Der Cockapoo wird seit den 50 er Jahren erfolgreich in den USA gezüchtet und allmählich auch schon den Weg nach Deutschland gefunden.

Der Labradoodle wurde das erste offiziell erwähnte Mal 1989 in Australien bewusst gezüchtet. Der Ursprung geht auf eine blinde Frau (Pat Blum) aus Hawai zurück, die einen Blindenhund benötige. Was aber in diesem speziellen Fall ein Problem darstellte, da ihr Mann an einer starken Hundehaarallergie litt.

Der australische Blindenhundverband „ Guide Dog Association of Victoria “ (GDAV) verpaarte daher einen Labrador Retriever mit einen Pudel. Fellproben der Welpen wurden an dem Mann der blinden Frau ausgetestet und zeigten keine Allergenen Beeinträchtigungen.

Über Kanada gelangte der Labradoodle im Laufe der Zeit in die USA, wo er sich einer großen Beliebtheit erfreut.

Überwiegend findet man heute Züchter dieser Rasse in Australien, Kanada und den USA.

Der Goldendoodle und der Labradoodle weisen ähnliche Wesens –und Körpermerkmale auf. Ebenso wie der Labrador und der Golden Retriever sich kaum unterscheiden.

Das Fell des Goldendoodles ist jedoch etwas dichter als das des Labradoodles.
Weder der Labradoodle noch der Goldendoodle sind zum heutigen Zeitpunkt als eigenständige Hunderassen anerkannt.

Jedoch gehen die Bemühungen der Züchter dahin, eine Anerkennung als Rasse zu erreichen, dieser Prozess wird sicher noch Jahre oder Jahrzehnte dauern.

Da aber der Cockapoo, der ja nun schon einige Jahre länger gezüchtet wird auch noch nicht offiziell als eigenständige Hunderasse von den großen Hundeverbänden anerkannt wurde, ist absehbar dass es dauert.

In Deutschland sind sowohl der Labradoodle als auch der Goldendoodle noch relativ unbekannt.
Ich habe schon einige Zeitungs –und Radiointerviews und Fotoshootings sowie natürlich auch Dokumentarfilme mit unseren Goldendoodles zum bekannt werden der Mischung mit großem Erfolg absolviert. Da diese Rasse wirklich noch neu ist, haben wir auch immer viel Besucher, die mal einen Goldendoodle live sehen wollen. Die vielen Fragen bezüglich der Goldendoodle ließen in mir den Gedanken an ein Buch über die Goldendoodle entstehen. Diese Idee war gar nicht so einfach umzusetzen, da viele Verlage kein Interesse zeigten oder einfach wahnsinnige Summen forderten, daher an dieser Stelle noch mal, Danke an den Verlag.

Zurück zur Geschichte des Goldendoodle.

In den USA steigt das Interesse an diesen allergiefreundlichen und intelligenten Familienhunden ständig an und so haben viele Züchter, die keine Zuchtmaschinen als Hündinnen möchten, so wie ich, Wartelisten.

Ich persönlich finde Wartelisten gut, da man sich die Anschaffung eines Hundes sehr gut überlegen sollte und es eine Beziehung für bestenfalls 15 Jahre werden soll. So kann man die Wartezeit gut zur welpensicheren Ausstattung der Wohnung oder des Hauses sowie zur Vertiefung des Wissens über Hunde und ihre Bedürfnisse nutzen.

Mir persönlich ist ein gutes Zuhause sehr wichtig und ich werde nie einen Welpen an jemanden verkaufen, der mir ein ungutes Gefühl dabei gibt. Ich weiß, dass ich mit dieser Einstellung schon Menschen enttäuschen musste, aber bisher gab es noch nie Probleme mit meinen Welpen und sie haben alle ein lebenslanges Zuhause gefunden und landeten nicht in Tierheimen oder Schlimmeres.

Im Internet kursieren viel unterschiedliche Informationen hinsichtlich der Geschichte des Goldendoodles usw. Die in meinem Buch zusammengetragenen Informationen basieren auf persönlichen Erfahrungen und Rückfragen bei anderen Züchtern im Ausland und erheben keinen Anspruch auf Vollständigkeit.

So nun wirklich weiter zur Geschichte.

Die Züchter erkannten also die Notwendigkeit eines Allergie geeigneten Hundes zum Einsatz für hilfsbedürftige Menschen, was Therapie – und Blinden sowie Begleithunde umfasst.

Die Resultate aus der Verpaarung von dem Golden Retriever mit seinen exzellenten Lern- und Therapieeigenschaften und den hypoallergenen Merkmalen des Standard Pudels (Groß oder Königspudel) waren überzeugend.

Im Laufe der Zeit begann man dann auch kleinere Varianten des Pudels einzukreuzen.

Es scheint logisch für moderne, offene Züchter, eine Variation des Labradoodle zu züchten, wenn man sich nur allein von den großen Erfolgen des Labradoodles motivieren lässt, also wurde der Goldendoodle geboren.

Pudel und Golden Retriever haben ein hervorragendes Gehör, meist besser als Menschen, besonders in höheren Frequenzen.

Beide Hunderassen haben einen sehr feinen Geruchssinn, ihre Nase ist das größte sensorische Organ.
Haben Sie je bemerkt, wie ein Hund mit seiner Nase sowie seinen Gehör, lange bevor wir es überhaupt bemerken, realisiert hat, dass ein Familienmitglied gleich nach Hause kommen wird?!

Pudel und Goldies lieben Fleisch, aber auch vegetarische Kost.

Beide sind bewegungsfreudig und wasseraktiv und beherrschen natürlich das Schwimmen.

Der Pudel ist bekannt für sein hypoallergenes Fell, als eine der besten Züchtungen dieser Welt. Er ist ein aktiver, sozialer Hund, der den Menschen liebt.

Golden Retriever sind sehr Menschen bezogen, sanft, liebevoll und daher besonders als Blinden und Therapiehunde geeignet.

Wie der Pudel ist der Golden Retriever sehr lernfreudig und leicht erzieh- und trainierbar.

Das Fell des Goldies weist aber nicht die hypoallergene Verträglichkeit des Pudels auf, was wie im bereits erwähnten Beispiel ein Problem für blinde Menschen mit einer Tierhaarallergie darstellen könnte.

Über die Jahrzehnte hinweg wurde der Golden Retriever oftmals als Modehund überzüchtet, und bekam dadurch gesundheitliche Beeinträchtigungen.

Die Goodles der 70 er Jahre, die unsere heutigen Goldendoodles darstellen, riefen experimentierfreudige Züchter hervor, die diese Mischung gezielt züchteten.

Eine davon ist Amy Lane
(Maryland / Westvirginia). Sie selbst hatte sich der Golden Retrieverzucht verschrieben und langjährige Zuchterfahrungen.
Inspiriert von dem Labradoodle kreuzte sie schließlich Golden Retriever mit Pudel.

Der Name Goldendoodle entstand in Anlehnung an den Namen des Labradoodle.

Amy Lane erkannte die vorzügliche Eignung der Goldendoodle als Therapie –und Begleithund.

So wurde 2005 einer ihrer eigenen Hunde, namens Richter, erster offiziell anerkannter Blindenhund.

Der Erfolg gab ihr Recht, und ich bin sicher, dass noch mehr in den Dienst als Blindenhund gehen werden.

Amy Lane züchtete die so genannte F1 Generation des Goldendoodle.
Sie begann auf die absolute Reinrassigkeit oder Papiere der Elterntiere zu achten.

Der reinrassige Golden Retriever und Pudel sind überall bekannt. In dieser Verpaarung werden Goldendoodle als erste Generation oder F1 Generation weltweit bezeichnet.

Man spricht bei der Mischung von Golden Retriever und Königs- oder Großpudel vom Standard Goldendoodle.

Je nach Größe des Pudels können so auch kleinere Goldendoodle entstehen.

Unerheblich in diesem Zusammenhang auf die Eigenschaften ist die Größe des Goldendoodle.

Goldendoodle sind in den USA oder England aus TV Spots oder als Therapiehunde bekannt.

Frau Lane erschuf den allseits bekannten und erkannten Namen dieser Züchtung: Goldendoodle.

Sie berichtete darüber, wie sie auf der Namenssuche zwischen PoodleReivers, Goldiepoos oder Goodle sich schließlich an eine der ersten Labradoodle Züchterinnen in Australien, Frau Beverly Manners, anlehnte mit ihrer Namensgebung.

Mir und allen anderen Liebhabern dieser Schöpfung scheint der Name vortrefflich ausgewählt.

Ihre Liebe zum Goldendoodle hat sich wie ein bunter Hund verbreitet und findet täglich neue Freunde.

Der Rest gehört schon fast zur Geschichte und jeder Züchter kann seine eigene dazu schreiben.

Grundsätzlich bleibt zu sagen, der beste Freund des Menschen ist und bleibt der Hund, aber die Rasse unterliegt Modetrends.

Statistisch nachgewiesen wurde, dass alle 10 bis 12 Jahre der Hundetrend wechselt. Dazu gibt es vielfältige Auslöser, vor allem Medien und Werbung setzen Trends.

Auch der Goldendoodle, der ja auch unter den Überbegriff des Designerhundes zu finden ist, ist ein Modehund geworden.

Auszeichnen tun ihn seine leichte Leinenführigkeit und die positiven Eigenschaften sowie das kaum haarende Fellkleid.

In den 40 er Jahren war der Pudel ein solcher Modehund. Der Königspudel zählt nicht ohne Grund zu den intelligentesten Hunden überhaupt und hat eine robuste Gesundheit.

Seit den letzten 15 Jahren sind alle Retrieverarten sehr beliebt. Dieser Trend hält sich auch, wie es scheint noch einige Zeit.

Meiner Meinung machen erst die vielen verschiedenen Hunderassen das interessante daran aus.
Für jeden Hundehalter gibt es die passende Rasse.
Und wenn man genau hinschaut, ähneln sich Herrchen oder Frauchen und ihr Vierbeiner oft.
Wer möchte da nicht so schön und gutherzig wie ein Goldendoodle sein???

Zur Entwicklung des Goldendoodle

Das Phänomen Goldendoodle, welches in den Staaten seinen Anfang nahm, fand relativ schnell seinen Weg nach Kanada.

Monica Parkin begann wie schon so viele vom Golden Retriever Züchter zur Goldendoodle Züchterin zu werden.

In diesem Zusammenhang ist es vielleicht wichtig, zu erwähnen, dass seriöse Goldendoodle Züchter überall auf der Welt etwas weniger anerkannt sind, als Züchter anderer reinrassiger Rassen.

Grund darin liegt, dass Züchter anderer reinrassiger Rassen den Goldendoodle ebenso wie andere Designerhunde nicht als Zucht anerkennen. Mischling ist in diesem Zusammenhang noch harmlos ausgedrückt.

Dabei sollte unbedingt darauf hingewiesen werden, dass es eigentlich keine Rasse geben würde, ohne Züchter, die Mut zu neuen Wegen gehabt hätten.

Wichtig für den Erwerb eines Goldendoodle, was aber eigentlich für jedes Tier gilt, sind sich die Elterntiere, besonders das Muttertier zeigen zu lassen.
Dabei sind natürlich die Freiheit von Erbkrankheiten oder sonstigen Fehlern sowie ein guter Charakter äußerst wichtig.

Nun wieder zu Frau Monica Parkin. Sie selbst hatte als Kind einen Pudelmix und berichtet darüber, dass dies der beste Hund war, den sie jemals hatte und dieser ein sehr schönes Alter von 15 Jahren erreichte.

So züchtete auch sie 2002 ihre ersten eigenen Goldendoodles.

Sie befürchtete anfangs, dass die Welpen eher den temperamentvollen Charakter des Pudels, als das eher ruhige Temperament des Golden Retrievers erben könnten.

Aber die Goldendoodles überzeugten als süße, liebenswerte Welpen, die jeden Züchter und künftigen Halter mit Stolz erfüllen.

Jeder Welpe war nicht aggressiv, ausgeglichenen Temperaments, aber unterschied sich doch etwas im Aussehen und Charakter.

Die Möglichkeiten des Fells, der Größe und Farben schienen unbegrenzt.

Als Frau Parkin mit ihrer Zucht begann, war sie so wie ich eine der ersten Goldendoodle Züchterinnen, inzwischen ist der Markt gewachsen.

Dies bedeutet aber leider auch, dass Massenzüchter, bei denen nicht ein schönes lebenslanges Zuhause der Welpen im Vordergrund steht, sondern der reine Profit, sich ausbreiten.

Der verantwortungsvolle Goldendoodle Züchter hat schon bevor der Welpe ins Haus der neuen Besitzer zieht Kontakt und auch später.

Ich selbst habe viele Telefonate und Mails sowie Besucher, die die Goldendoodle kennen lernen möchten und muss aufpassen, dass meine eigenen Kinder sowie Familie und Freunde nicht zu kurz kommen. Aber es gehört für mich dazu und ist mir wichtig!

Ein seriöser Goldendoodle Züchter ist ein Mensch, der sich intensiv mit der Entwicklung und Ausbildung seiner Tiere beschäftigt, um letztlich gesunde Welpen von gesundheitlich getesteten Elterntieren zu züchten.

Die Farben variieren dabei von hellcreme, creme, golden, apricot, rot, schwarz, blau und schokobraun sowie natürlich Farbmischungen und gezeichnete Welpen.

Wir haben bemerkt, dass besonders Familien, die einen Welpen suchen, einen Familienhund mit hypoallergenen Eigenschaften des Fells, das aber nicht geschoren werden muss, suchen: dies finden sie alles bei und mit einen Goldendoodle.

Viele Goldendoodle arbeiten in Amerika als Therapiehunde und in diesem Gebiet besonders oft mit autistischen und anderen beeinträchtigten Kindern und Erwachsenen.

Andere Goldendoodles werden in Krankenhäusern etc. in der Tiergestützten Therapie eingesetzt.

Auch aus meiner Zucht wurden schon Goldendoodles als Therapie und Begleithunde ausgebildet.

Die weltweite innovative Züchtung von Goldendoodles brachten Hunde in verschiedenen Größen und ein großes Farbspektrum hervor. Dies reicht vom traditionellen hellweiß und creme bis zu schwarz, silbern und grau, braun oder schokolade, hell und dunkelapricot und bunt gefleckten Goldendoodles.

Gute Züchter reinrassiger Rassen haben oft hilflos zusehen müssen und viel Geld dafür zahlen müssen, um genetische Fehler auszugleichen.

Züchter von Golden Retrievern konnten feststellen, dass ihre Hunde immer jünger infolge einer Überzüchtung oder anderer genetischer Erbkrankheiten verstarben.

Generell stehen Züchter reinrassiger Rassen meist vor stagnierenden genetischen Optionen, die von vorgegebenen Standards festgelegt sind. Viele davon sind nicht wichtig oder wissenschaftlich fundiert.

Unsere Goldendoodles bringen letztlich durch die Verpaarung von Pudel und Golden Retriever neue genetische Anlagen neben dem wunderbaren Charakter.

Goldendoodle sind infolge der relativ neuen Züchtung noch schwer käuflich erwerbbar. Jedoch steigt die Zahl von Züchtern durch den Siegeszug der Goldendoodles.

Wie bei allen Welpenkäufen ist es wichtig, einen guten Züchter zu finden und nicht jemanden, der durch diesen Modehund reich werden möchte.

Daher noch mal der Hinweis sich die Elterntiere und Aufzuchtsbedingungen der Welpen zeigen zu lassen.

Aus meinen Erfahrungen können seriöse Züchter nicht mehr ohne Wartelisten arbeiten und ein guter künftiger Goldendoodle Besitzer wartet gern auf seinen Wunschwelpen.

Generell sollte man davor gewarnt sein, wenn nur noch ein Welpe da ist und dieser unter 8 Wochen alt ist oder der Züchter mit Tötung des Welpen droht, wenn man ihn nicht kaufen möchte.

Auch die Märkte in Osteuropa bieten teilweise schon sehr billig Goldendoodle an, die dann aber entweder keine sind oder schnell krank werden und schnell sterben. Dies ist aber ein langjähriges Problem und betrifft alle Hunde, die auf diesen Märkten angeboten werden.

Wie immer bringt der Goldendoodle Boom auch unseriöse Machenschaften hervor.

Es gibt natürlich auch Käufer, die einen Goldendoodle als Prestige-symbol, als eine der Ersten haben möchten. Da sind wir wieder als Züchter mit unserer Erfahrung und Beratung gefordert.

Ein Goldendoodle ist wie jedes andere Geschöpf auf Erden, ein Wesen, das über ca. 15 Jahre geliebt, gepflegt und versorgt werden muss.

Daher sollte man die Entscheidung sich einen Hund anzuschaffen gründlich überlegen, denn es ist eine Bindung für ein ganzes langes schönes Hundeleben!

Goldendoodle Rassestandards oder Richtlinien

Anerkannte Standard- Richtwerte für Standard Goldendoodle sind:

Schulterhöhe: 54- 62 cm bei Rüden und
51- 58 cm bei Hündinnen

Gewicht. 25- 35 Kg bei Rüden und
21- 29 Kg bei Hündinnen

Mini oder Toy Goldendoodle haben eine Schulterhöhe von 33 bis 53 cm und wiegen von 11 bis 21 Kg.

Die F1 Züchtung, ist wie bereits erläutert, die Kombination zwischen einen reinrassigen Pudel und einen ebenso reinrassigen Golden Retriever.

Es ist dabei unerheblich, ob der Pudel das Mutter oder Vatertier ist.

Wichtig ist nur bei den Zwerg- oder Toy Goldendoodle Züchtungen darauf zu achten, dass der Golden Retriever das Muttertier ist. Sonst könnte es zu erheblichen Komplikationen bei der Geburt der Welpen kommen.

Aus allen Berichten über Goldendoodle egal welcher Größe geht eins deutlich hervor. Tolle, liebenswerte Familienhunde mit einen Fell, dass nicht geschoren werden muss, aber nur geringe allergische Reaktionen auslöst.

Relativ neu in Australien ist der Versuch der F 1B Züchtung oder auch einfach backcross genannt.
Dies bedeutet, dass ein Goldendoodle wieder mit einem Pudel gekreuzt wird. Dabei stellte man eine noch höhere Allergiefreiheit als bei der ersten Generation fest.

Dazu kann ich selbst noch keine Erfahrungen äußern, werde dies jedoch später auch mal probieren.

Es gibt auch eine so genannte zweite Generation, die F2 Generation. Sie entsteht durch die Kreuzung zwischen zwei Goldendoodletieren, dabei verliert sich jedoch die Allergiekomponente da der Pudelanteil sinkt.

Seinen Charakter oder Temperament, dies ist neben der Vererbung durch die Elterntiere auch durch seine Erziehung und das erlernte Verhalten beeinflussbar. Jedoch sind Goldendoodle Menschenbezogene, liebevolle und lernbereite Hunde.

Pudel und Golden Retriever sind sportliche, lauffreudige und Wasserliebende Tiere, die treu und leicht trainierbar, voller Spielfreude sich in jede Familie integrieren lassen.

Goldendoodle möchten überall dabei sein oder, wenn das Mal nicht möglich ist, sich selbst beschäftigen können. Daher ist ein liebevolles Zuhause mit Zeit für den Welpen und späteren Hund für mich und alle verantwortungsvollen Züchter sehr wichtig.

Der Welpenkauf

Ein Welpe ist immer niedlich und erobert die Herzen tierlieber Menschen im Sturm.
Was aber nicht immer allen klar ist, dass Sie Verantwortung für ein ganzes langes glückliches Hundeleben übernehmen und dazu gehört Einiges.
Bei Welpen muss man damit rechnen, dass unser Garten nach ihren Vorstellungen umgestaltet wird und auch mal etwas angeknabbert wird, was nicht Hundespielzeug heißt.
Für Hundeanfänger bedeutet es ein völlig neues Leben, ähnlich dem Elternwerden und nichts anderes ist es auch mit dem Welpenkauf.
Aber ein Hund ist meist aus dem Leben nicht mehr wegzudenken und man möchte ihn nicht mehr missen, das ist der Idealzustand!

Ein Welpe genießt unter den meisten, nicht verhaltensgestörten Hunden Welpenschutz, ca. das erste halbe Jahr, das heißt, er wird nicht von ihnen angegriffen sondern geliebt und bemuttert.

Leider gibt es aber auch einige schlecht sozialisierte Artgenossen und Menschen, die dem Welpen schlechte Erfahrungen bringen könnten. Sie vor diesen zu schützen ist die erste Aufgabe des neuen Halters.

Sie übernehmen vom ersten Tag an die Verantwortung und müssen ihren Hund nicht nur Futter und Unterkunft, sondern was ganz wichtig ist, auch Zuwendung, Beschäftigung, Erziehung, Pflege und Liebe geben.

Er muss lernen, an welcher Stelle er in dem neuen Rudel steht und das kann ja nur die letzte Stelle sein, auch wenn es schwer fällt. Denn diese Sicherheit bietet ihm die Basis für eine freie und natürliche Entwicklung. Das Alphatier muss immer der Mensch sein, dem sich der Welpe gern unterordnet.

Als erste Überlegung zum Welpenkauf muss geklärt werden, ob die ganze Familie einverstanden ist und niemand Probleme damit hat. Dazu gehört auch die wichtige Frage nach einer Allergiebereitschaft. Sollten bereits Allergien vorhanden sein, empfehle ich auf jeden Fall einen Test. Denn es gibt nichts Schlimmeres als einen Welpen wieder abgeben zu müssen. Das kann man ja als verantwortungsbewusster künftiger Besitzer vorab klären. Wenn eine Allergie besteht, ist man in der Wahl seines Welpen etwas eingeschränkt, aber kann noch hoffen. In diesem Fall, ist aber ein Test der ausgesuchten Rasse und einer Fellprobe angeraten.

Die finanzielle Belastungen: Kosten der Anschaffung, Erstausstattung, Futter, Tierarzt, Hundesteuer und Haftpflicht sollte dabei auch bedacht werden. Es sind dabei natürlich monatliche Fixkosten von ca. 150 Euro einzuplanen.

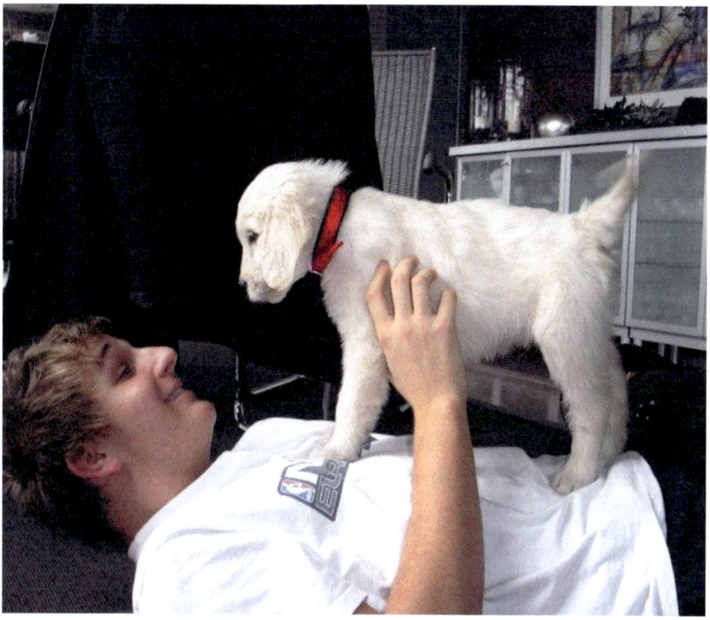

Die nächste wichtige Komponente ist der Platz für den neuen Mitbewohner. Genug Platz ist erforderlich, also eine Wohnung oder Idealerweise ein Haus. Die Erlaubnis des Vermieters ist ebenfalls im Vorfeld der Anschaffung ratsam damit es später kein böses Erwachen gibt.

Schön und Bedingung für ein schönes Hundeleben ist die Möglichkeit schnell ins Grüne zu gelangen und auch frei toben zu können.

Mindestens ein Familienmitglied sollte dafür genug Zeit einkalkulieren.

Dazu gehört auch die körperliche Fitness, denn gerade in der Anfangszeit muss man sich oft nach dem Welpen bücken und ihn solange wie möglich die Treppen tragen, um die Hüften zu schonen.

Auch die Urlaubsplanung sollte im Vorfeld mit der ganzen Familie besprochen werden. Der schlimmste Fall, dass Herrchen oder Frauchen ins Krankenhaus müssen und eine Vertretung brauchen sollte auch bedacht werden.

Der beste Fall ist es für einen Welpen, wenn den ganzen Tag jemand für ihn da ist, aber das ist in den wenigsten Familien der Fall. Daher rate ich mindestens ein bis zwei Wochen Urlaub für den Neuankömmling einzuplanen, damit er sich eingewöhnen kann und auch der Rest der Familie.

Wichtig ist es auch das Alleinbleiben zu üben, damit er weiß, was er tun kann, wenn Frauchen nicht da ist. Voraussetzung ist natürlich, dass er Gassi war und satt ist sowie Wasser zur Verfügung hat und Beschäftigung am besten das Lieblingsspielzeug. Von der Zeit fängt man mit 5 bis 10 Minuten an und lobt, wenn der Welpe lieb war.

Bei der Wahl des Geschlechts gibt es für beide ein Für und Wider. Generell ist eine Hündin zierlicher als ein Rüde. Während die Hündin zweimal im Jahr läufig wird, kann ein Rüde ganzjährig sexuell interessiert sein und zu markieren anfangen.

Man sollte sich in der Nachbarschaft umschauen, welches Geschlecht überwiegt. Eine einzelne Hündin zieht natürlich alle Rüden der Umgebung an. Bezüglich des weit verbreiteten Glaubens, dass eine Hündin leichter erziehbar ist, kann ich dem so nicht zustimmen. Ausschlaggebend ist der Charakter des jeweiligen Tieres, das es zu erziehen gilt.

Seriöse Züchter haben stets nicht nur die Welpen, sondern auch die Muttertiere im Haus so dass man sie anschauen kann und auch am Umgang mit der Mutter erkennt man eine gute Beziehung. Aber auch das Vertrauen der Welpen zum Züchter und Besucher zeigt schon, ob eine gute Sozialisation statt gefunden hat.

Ein guter Züchter ist auskunftsbereit und beantwortet gern tausend Fragen. Seine Hunde sind gepflegt und in guten Allgemeinzustand und in der Aufzuchtstätte herrscht Sauberkeit.

Vertrauen Sie dem Züchter denn er kennt die Welpen von der ersten Stunde an und kann bestenfalls von der Geburt berichten. Ich selbst bin bei jeder Geburt dabei und schreibe Protokoll oder leiste Geburtshilfe, das ist einer meiner Grundsätze, denn das Muttertier ist ein Familienmitglied und hat tiefes Vertrauen zu mir und welcher Mensch entbindet gern allein?!

Ein erfahrener Züchter hilft Ihnen dabei den richtigen Welpen für Sie und Ihre Wünsche zu finden. Wer kennt die kleinen Racker besser als der Züchter. Sie sehen nur eine Momentaufnahme aber der Züchter kennt das Wesen und die Vorlieben seiner Welpen genau.

Der Kontakt zum Züchter besteht auch nach dem Welpenkauf und bei Fragen können Sie sich an ihn wenden, aber ein Züchter mit Herz freut sich auch über ein Foto oder ein Telefonat um zu hören, wie es seinem Baby geht ;))!!
Bei der Abholung erhält man einen Welpenbrief, einen Futterplan und natürlich den Impfpass in dem die erfolgten Impfungen und Entwurmungen vermerkt sind.

Ein guter Züchter hat Welpenpakete zur Sie und den Welpen vorbereitet, die er ihnen dann gern mit nach Hause mitgibt.

Bei reinrassigen Tieren anerkannter Rassen gibt es noch einen Stammbaum dazu.

Man kann den Welpen chipen lassen, diese Entscheidung trifft aber meist der neue Halter. Das Tätowieren ist seit dem 01.01.2002 laut Tierschutzgesetz nur noch unter Narkose erlaubt und kommt somit für einen Welpen nicht in Frage.

Das Internet steht beim Goldendoodle Kauf an erster Stelle und bietet inzwischen eine Vielzahl von Angeboten, die ganz genau ausgewählt werden sollten.

Idealerweise hat ein guter Züchter:

- gesunde Elterntiere ohne Erbkrankheiten
- Welpen, die mehrfach entwurmt und bei Abgabe geimpft sind
- Aufzuchtstube warm, sauber sowie frei von Ungeziefer möglichst im Haus integriert
- Welpen mit einen qualitativ hochwertigen Aufzuchtfutter ernährt
- Zucht steht unter tierärztlicher Kontrolle über längere Zeit
- Liebevolle Aufzuchtbedingungen, viele Spiel-und Beschäftigungsangebote
- Welpen haben Kontakt zu Kindern, Katzen usw.
- Welpen kennen Alltagsgeräusche und Grundkommandos sowie sind fast stubensauber
- Langjährige Zuchterfahrung
- Besucht regelmäßig Seminare um sein Wissen auszubauen.

Die Preise für einen Goldendoodle beginnen so ca. um 1000 Euro gehen aber aufwärts bis 1600 Euro.
Dies ist jedoch ein Preis der aus meiner Sicht übertrieben ist, diese Entscheidung liegt aber beim Käufer.

Neben der aufwändigen Zucht und Aufzucht fallen viele Stunden mit Emails beantworten und Telefonaten etc. für verantwortungsvolle Züchter an. Die meisten Züchter arbeiten mit Wartelisten und pflegen einen engen Kontakt zu den neuen Besitzern.
Bei der Wahl des Züchters sollte man darauf achten, dass mindestens ein Elterntier des Welpen beim Züchter im Haus lebt.

Die Welpen sollten voll in die Familie des Züchters integriert sein und soziale Kontakte auch zu Kindern aufbauen können.

Die Zuchttiere sollen gepflegt und ebenso hochwertig ernährt werden.

Ein vorsichtiger Züchter wird nicht jeden seine Welpen anschauen lassen und keinesfalls vor der vierten Woche und besondere hygienische Maßnahmen ergreifen, um gefährliche Infektionskrankheiten zu vermeiden.

Ein potenzieller Welpenkäufer sollte auch nicht mehr als einen Wurf pro Tag anschauen, um eventuell übertragbare Krankheiten auszuschließen.

Es besteht auch die Möglichkeit sich seinen Wunschwelpen einfliegen zu lassen, dabei gilt es jedoch sich sehr genau über die Einfuhrmodalitäten kundig zu machen.

Der Welpe kommt nach Haus

Wenn man seinen Traumhund nach einer Wartezeit zwischen einen halben Jahr und bis zu 1,5 Jahren endlich abholen darf, beginnt ein neues Leben.

Damit alles problemlos verläuft, ist es wichtig das neue Zuhause hundesicher zu gestalten. Am besten man schaut mit dem Blick des Hundes und was alles in seiner Höhe erreichbar und interessant scheint.

Dazu gehören unbedingt folgende Dinge:

- niedrige Steckdosen mit Kindersicherung versehen
- keine freiliegenden Elektrokabel
- der Garten ist umzäunt
- ein Teich ist vorerst gesichert
- Treppenauf- und abgänge sind gesichert
- Haushaltsreiniger , Bindfäden, Medikamente und Zigaretten sind außerhalb der Reichweite des Hundes
- Giftpflanzen sicher gestellt

Gefährliche Stoffe für Hunde egal welchen Alters sind: Paracetamol, Blei, Zink, Bienen, Ameisen- und Rattengift, Kleber, Haushaltsreiniger, Ammoniak, Bleiche, Mistelzweige, Nüsse, Rosinen, Pfirsich und Aprikosenkerne, Philodendron, Aspirakus, Kraftstoffe, Erdöl, Farbverdünner, Weihnachtsstern, Chrysantheme und Einiges mehr

Der erfahrene Züchter wird schon mit dem Welpen Auto gefahren sein und füttert den Welpen nicht kurz vor der Fahrt um ein Erbrechen zu vermeiden.
Für die Heimfahrt empfiehlt es sich zu zweit zu sein, damit sich am besten die neue Hauptbezugsperson schon mit dem Welpen beschäftigen kann. Auf keinen Fall darf der Welpe wie ein Paket verschickt

werden, allein im dunklen Behälter und einer Flut fremder Geräusche und Gerüche ausgesetzt, bekommt der Welpe Angst und wird verstört.

Halsband, Leine für eine kleine Pause, eine Decke und ein Napf und Trinkwasser gehören für die Reise dazu.

Grundausstattung für den Welpen: 2 Näpfe (Wasser und Futternapf), Decke oder Körbchen, Halsband oder Brustgeschirr, Welpenfutter, Knabbereien, Pflegeutensilien (Bürste u. ä.),ausreichend geeignetes Welpenspielzeug.

Bevor der Welpe einzieht, muß sein Schlafplatz und Hauptaufenthaltsraum klar sein. Dabei sollte der Schlafplatz so gewählt werden, dass der Kontakt zum Menschen weiterhin besteht, aber auch wenn der Welpe groß ist, beibehalten werden kann.

Wichtig ist ein zugfreies warmes Plätzchen, wo er sich sicher fühlen kann und auch mal ungestört zurückziehen kann. Auf keinen Fall darf der Welpe nass oder kalt liegen. Sollte er mal nass werden, sollte er gut abgetrocknet werden, da Welpen noch empfindlich sind.

Günstig ist es, den Welpen in den frühen Vormittagsstunden abzuholen, denn dann hat man noch genug Zeit die neue Umgebung im hellen zu erkunden und sich an die neue Familie zu gewöhnen.

Zu Hause angekommen, zeigt man ihm zuerst seine Gassistelle, und wartet bis er sein Geschäft verrichtet hat. Der Halter beseitigt natürlich den Kot des Hundes!
Das Lob für das gut erledigte Geschäft sollte erfolgen, wenn er komplett fertig damit ist.

Rituale und feste Tagesabläufe sowie eine feste Bezugsperson erleichtern dem Welpen die Eingewöhnung. Kuscheln und miteinander spielen sowie liebevolles Zureden bauen sehr schnell das Vertrauen zueinander auf.

Der Welpe muss sofort nach dem Fressen oder schlafen ins Freie damit er sich lösen kann und sein Geschäft verrichten. Wenn Sie darin konsequent sind, und der Züchter rechtzeitig mit dem

Sauberkeitstraining begonnen hat, sollte der Welpe spätestens nach einer Woche bei Ihnen komplett stubensauber sein.

Der Besuch der Welpenschule bringt nicht nur dem Welpen sondern auch dem neuen Besitzer sehr viel. Neben dem Kennen lernen anderer Hundefreunde und dem Austausch erleben die Welpen die Gemeinschaft und vertiefen die Grundkommandos, die der Züchter schon angeregt hat.

Ratsam ist auf jeden Fall sich schon im Vorfeld einen Tierarzt zu suchen, der im Notfall sich um den Hund kümmern kann.

Die Erstimpfung des Welpen erfolgt mit 8 Wochen, um den durch die Muttermilch bestehenden Schutz nicht zu verlieren. Die Folgeimpfung erfolgt mit der 12. Lebenswoche.
Jährliche Wiederholungsschutzimpfungen sowie Gesundheitscheckups beim Tierarzt sind neben Wurm- und gegebenenfalls Floh oder Zeckenkuren unerlässlich, um den Hund gesund zu erhalten.

In Australien und Kanada verlangen viele Goldendoodle Züchter die Kastration oder Sterilisation der Welpen.

Wenn man jedoch mit seinen Goldendoodle züchten möchte, sollte man dies mit dem Züchter im Vorfeld klären, um Ärger zu vermeiden.

Wenn man sterilisieren möchte, wird empfohlen dies mit ca. 6 Monaten durchzuführen.

Bei einer Futterumstellung sollte man immer das bekannte Futter mit dem neuen vermischen, um größere Umstellungsschwierigkeiten zu vermeiden.

Absolut wichtig ist es darüber zu sprechen, was Welpen alles nicht fressen dürfen. Welpen sind ähnlich wie Babys und stecken erstmal alles in den Mund. Dabei können Vergiftungen und innere Verletzungen auftreten. Rindenmulch, Plastikteile und diverse andere Kleinteile können verschluckt werden und Störungen des Magen- Darmtraktes oder Vergiftungen hervorrufen.

Die Erziehung des Welpen

Ein weiterer wichtiger Aspekt ist das Training oder die Erziehung des Welpen. Dabei hilft der Besuch einer Welpenschule sehr viel, gerade bei Hundeanfängern ist dies eigentlich unersetzlich. Günstig ist es, eine gute Hundeschule schon im Vorfeld sich ausgesucht zu haben.

Das neue Zuhause ist welpensicher und interessantes Lernspielzeug (Bälle usw.) liegen bereit. Dabei gilt es wieder darauf zu achten, dass keine verschluckbaren Teile dabei sind.

Die Fressnäpfe sollten aus Edelstahl mit Gummiring sein. Da Plastiknäpfe ebenfalls angeknabbert werden könnten und schlimmstenfalls zu inneren Verletzungen führen könnten.

Das Sauberkeitstraining wurde vom erfahrenen Züchter schon fast bis zur kompletten Stubensauberkeit betrieben, so dass nur noch die Umstellung und Einhaltung der Zeiten durch den neuen Besitzer beachtet werden müssen. Grundregeln der Sauberkeit sind, immer nach dem Schlafen und Füttern raus gehen, damit der Hund sich lösen kann. Dabei ist der vorhandene Fütter- und Gassiplan, den man vom Züchter erhält sehr hilfreich. Die Zeiten können natürlich an die neue Familie angepasst werden.

Beim Gassi gehen soll der Welpe zuerst sein Geschäft verrichten und dann Spielzeit haben. Wenn der Welpe sein Geschäft gut gemacht hat, immer mittels positiver Verstärkung loben. Ähnlich kleinen Kindern lernt der Hund durch loben und streicheln, was gut und richtig ist.

Feste Rituale, Zeiten und Plätze sowie Kommandos sind bei der gesamten Erziehung unerlässlich!

Das Haus und der Garten sollten auf jeden Fall welpensicher sein, dazu gehören auch Zäune und Treppengeländer, wo der Welpe versuchen könnte seinen Kopf hindurch zu stecken und so sich ernsthaft bis tödlich verletzen könnte.
Generell besteht zwischen einem Welpen und einen Kleinkind in dieser Lebensphase kaum ein Unterschied und man muss beide genau beobachten. Dabei benötigt man mehr als ein aufmerksames Auge!

Das erste und wichtigste Kommando ist: Komm!
Der Welpe muss lernen, jederzeit und überall auf sein Herrchen oder Frauchen zu hören. Am besten geht man dabei in die Hocke, breitet die Arme aus und ruft den Namen des Hundes sowie komm. Das funktioniert immer und wenn er dann ausführlich gestreichelt und gelobt wird, wird er dieses so gefragte Verhalten gern wiederholen.

Das nächste Kommando ist: Sitz! Man kann die Befehle in der Welpenschule erlernen oder selbst ausprobieren. Günstig ist es den Welpen Spielzeug holen zu lassen und wenn er es bringt und Sitz macht dies als Grundposition zu verstärken durch Lob. Wenn der Welpe Sitz macht, bekommt er etwas, entweder wird der Ball wieder geworfen oder er bekommt ihn. So lernt der Hund spielerisch.

Wenn der Welpe etwas macht, was man nicht möchte, muss man sofort erziehen und mit strenger, energischer Stimme NEIN, AUS oder PFUI sagen, das stoppt in den meisten Fällen den Welpen, denn diese Stimme klingt nicht gut.
Überhaupt arbeite ich sehr viel mit meiner Stimme und der Körper- und Zeichensprache, dies sind die für den Hund am besten und klarsten verständlichen Ausdrucksmöglichkeiten.

Welpen unterscheiden drei verschiedene Tonlagen: hohe Töne zur Motivation, die normale Stimmlage zum Beruhigen und die tiefen Töne zur Warnung.

Es ist immer wieder ein faszinierendes Erlebnis zu beobachten, wie das Muttertier seine Welpen erzieht und zeigt, wie wichtig diese Sozialisationsphase und der enge Kontakt zur Mutter sind.

Die betonten Vorteile des Goldendoodle: Ausgeglichenheit, gutes Benehmen, sich unterordnende und gut sozialisierte Welpen und spätere Hunde bestätigen Züchter und Besitzer.

Ein Temperamentstest im Alter von 8 Wochen ist jedoch wenig aussagekräftig, da die Welpen nicht nur schnell wachsen sondern sich auch generell weiter entwickeln und erzogen werden müssen.

Wichtig sind das Erlernen von Alltagsgeräuschen und den Umgang mit ihnen, dabei legt auch der Züchter schon den Grundstein. Die Reaktion auf Hände klatschen o. ä. sollte zur Kontaktaufnahme des Welpen führen. (Er kommt und stupst uns an.)

Man sollte den Welpen jedoch immer als eigenständiges Individuum betrachten, wie jedes andere Wesen auch.
Wenn man seinen Bauch, die Pfötchen, Mund usw. überall berühren kann zeigt der Welpe ein tiefes Vertrauensverhältnis zum Menschen und akzeptiert ihn als Chef und Rudelführer. Dazu zählt auch, dass man ihm alles wegnehmen kann oder er es frei gibt, wenn der Befehl dazu erfolgt.

Für die Sozialisation ist der Kontakt zu anderen Hunden, Besitzern, Menschen allen Altersgruppen, Rad- und Rollstuhlfahrern usw. sehr wichtig, um den Hund die breite Palette des Lebens und den Umgang damit lernen zu lassen. Dabei auf negative Eindrücke achten und diese nicht zulassen.

Dabei sollte man darauf achten, dass die anderen Hundefreunde gesund, entwurmt und jährlich vom Tierarzt begutachtet werden, um eventuelle Ansteckungen zu vermeiden.

Bei der Wahl der Hundeschule und des Trainers sollte man unabhängig von seiner didaktischen Methode immer Güte, Freundlichkeit, Unterstützung und positive Verstärkung spüren und nicht Bestrafung.

Der Ausgleich zwischen Spiel und Lernen ist die beste Basis für einen Hund. Dabei keinesfalls sofort alles erwarten, immer daran denken, es ist ein Welpe und keine Maschine!

Ich persönlich halte sehr viel vom spielerischen freien Lernen und habe damit die meisten Erfolge erzielt. Lauf und Apportierspiele sind besonders beliebt.

Ein wichtiger Aspekt betrifft den Umgang zwischen Kindern und Hunden. Goldendoodle sind kinderliebe Wesen, aber es gibt Regeln für beide Seiten, die man kennen und beachten sollte.

Der Hund muss das Kind akzeptieren und nicht als unterlegenen Spielpartner verstehen, d.h. er sollte sich auch vom Kind führen und leiten lassen. Jedoch ist dabei der Erwachsene gefordert.

Generelle Regeln für Kinder sind:

- den Welpen nicht beim Schlafen oder Fressen stören
- nicht in die Augen oder Nase pieksen oder anders quälen
- sehr vorsichtig auf dem Arm tragen, da er abstürzen könnte
- keine Kommandos geben, ohne Hundeführer
- nicht alleine Gassi gehen
- nichts vom Tisch geben
- keine Spielsachen herumliegen lassen oder die Tür zum Kinderzimmer verschlossen halten

Welpen dürfen keinesfalls im Spiel zubeißen, dabei muss man natürlich unterscheiden, ob der Welpe kneift, weil die neuen Zähnchen kommen, oder absichtlich. Ich verbiete es daher generell zu kneifen und wenn man vorsichtig das Mäulchen zuhält, kann er es nicht und wird es nicht mehr probieren.

Der Welpe darf auch keine Lebensmittel stehlen, sondern muss warten, bis er etwas bekommt.
Wenn der Welpe in die Pubertät kommt, wird er probieren, bei wem er aufreiten kann. Das wird das kleinste Familienmitglied sein, da es von der Größe am besten passt. Konsequent sofort verbieten!

Wenn der neue Besitzer berufstätig ist, möchte der Hund Beschäftigungsangebote in seiner Freizeit, damit er sich nicht langweilt und selbst Beschäftigung sucht.

In Amerika, Kanada und einigen Großstädten in Deutschland gibt es bereits so genannte Hundetagesstätten. Da werden die Hunde tagsüber betreut und der Besitzer kann mittels Webcam schauen, was sein Hund gerade macht, finde ich eine ganz tolle Idee!!

Zusammenfassend sind die ersten 4 bis 6 Monate die wichtigste Prägephase des Hundes. Was hier versäumt wurde, oder an Unarten anerzogen, wird schwierig in ein anderes gewünschtes Verhalten umzulernen sein. Daher meine Bitte an Sie als verantwortungsbewusste Halter: alles, was der Welpe darf, soll er auch als erwachsener Hund dürfen, denken Sie daran und seien Sie liebevoll, aber auch konsequent.

Goldendoodle sind sehr leicht erziehbar. Sie lieben es zu lernen und genießen die Beschäftigung sogar. Grenzen des Erlernbaren scheinen kaum erreichbar.
Das schönste Geschenk, das Sie einen Goldendoodle machen können, ist ihn gut zu erziehen und zu trainieren. Dieser Hund wird mit Ihnen gemeinsam die nächsten hoffentlich 15 Jahre leben.

Klare Regeln erleichtern das Zusammenleben ungemein. Ruhig, fair und gerecht soll der Halter dabei sein. Haus –und Außentraining sind dabei gleichbedeutend und wichtig.

Im Haus muss er sich anders, vorsichtiger als im Freien bewegen. Also klare Regeln, was darf der Welpe und was nicht.

Auch wenn es bei so einem kleinen knuddeligen Hund mit treuen Knopfaugen noch niedlich ist, denken Sie daran, bald ist er ein großer stattlicher Hund!

Nehmen Sie Ihren Hund überall mit hin, ins Cafe, in die Stadt, zur Schule.
Sozialisation ist nicht nur das Treffen anderer Hunde, sondern das Entdecken der ganzen Welt um den Welpen.

Er muss lernen mit allen Alltagsgeräuschen und Erlebnissen zu recht zu kommen, das reicht von der Straßenbahn bis zum Radfahrer und lässt sich unendlich fortsetzen.

Goldendoodle hören auch sehr gut ohne Leine, also wenn es erlaubt ist und man sich sicher ist, dass es funktioniert auch mal Leine los und toben lassen.

Die Fellpflege des Goldendoodle

Das Fellkleid kann von glatt bis zu großen Locken variieren und von 4 bis 8 cm Länge erreichen.

Das Fell sollte mindestens einmal in der Woche, besser jedoch täglich gebürstet werden, dies ist übrigens bei allen Tieren mit Fell ratsam.

Man muß einen Goldendoodle nicht scheren, jedoch hat es sich bewährt einmal jährlich, meist im Frühjahr, eine komplette Schur vorzunehmen.

Im Gesicht sollte man darauf achten, dass die Sicht des Tieres durch sein Fell nicht beeinträchtigt wird oder in die Augen ragt. Falls die Sicht gestört ist, sollte man durch einen Schnitt Abhilfe schaffen.

Wenngleich Goldendoodle das Wasser lieben und selbst gern schwimmen gehen und dies schon mit etwas 4 Monaten perfekt beherrschen, sollte man die Tiere nur baden, wenn es nötig ist, um die Haut und das Fell nicht auszutrocknen.
Man kann einen Fön, auf niedrigster Stufe, zum Trocknen verwenden, jedoch empfehle ich das Abtrocknen mit einem Handtuch.
Unerfahrene Hundebesitzer können bei unsachgemäßer Handhabung des Föns das Fell des Hundes verbrennen.

Es liegt im Ermessen und Geschmack des Hundebesitzers, ob der Goldendoodle längeres oder kürzeres Fell trägt. Das kurze Fell ist natürlich pflegeleichter für Hunde, die oft schwimmen oder kleine Schmutzlieberhaber sind.

Wenn man sich nicht selbst an die Schur wagen möchte, was beim ersten Mal sicher nicht das gewünschte Ergebnis hervorbringt, sollte man den Hundefriseur besuchen.

Wichtig ist es dem Friseur zu sagen, was man erwartet und wie der Hund danach aussehen soll. Viele Hundefriseure haben noch nie einen Goldendoodle gesehen oder eine Vorstellung davon, wie sie ihn scheren sollen.

Die Nagelpflege des Hundes gestaltet sich im Normalfall völlig unkompliziert, da sich die Tiere meist selbständig die Nägel ablaufen.

Falls trotzdem erforderlich kann man die Nägel mit einer speziellen Schere vorsichtig kürzen oder den Tierarzt aufsuchen. Beim ersten Mal kann man es sich vom Tierarzt oder jemanden, der es kann, zeigen lassen.

Ein anderer wichtiger Punkt ist die Pflege der Ohren. Dies ist besonders für Hunde wichtig, die gern schwimmen gehen.

Es gibt spezielle Ohrenpflegeprodukte, die Infektionen vermeiden. Ich selbst verwende gern Babyohrenstäbchen und Babyöl. Beides ist ideal zur Reinigung der Ohren, jedoch bitte vorsichtig und nicht in die Ohrenkanäle zu tief führen, da dies zu schweren Infektionen führen könnte.

Eine Tiefenreinigung darf nur der Tierarzt bei zwingender Erforderlichkeit durchführen.

Goldendoodle geschoren

Goldendoodle ungeschoren

In den Sommermonaten ist es wichtig die Tiere auf Floh- und Zeckenbefall zu kontrollieren. Bei Verdacht oder Befall von Parasiten sollte man sich gründlich beraten lassen, um eventuellen Nebenwirkungen vorzubeugen, dies gilt besonders für Welpen und Junghunde, bitte exakt auf die Altersangaben der Hersteller achten.

Der Welpe muss an alle Dinge der Körperpflege herangeführt werden. Dazu zählt die Kontrolle des Gebiss, der Augen und Ohren und natürlich auch das rektale Messen der Temperatur

Welpe beim Krallen schneiden

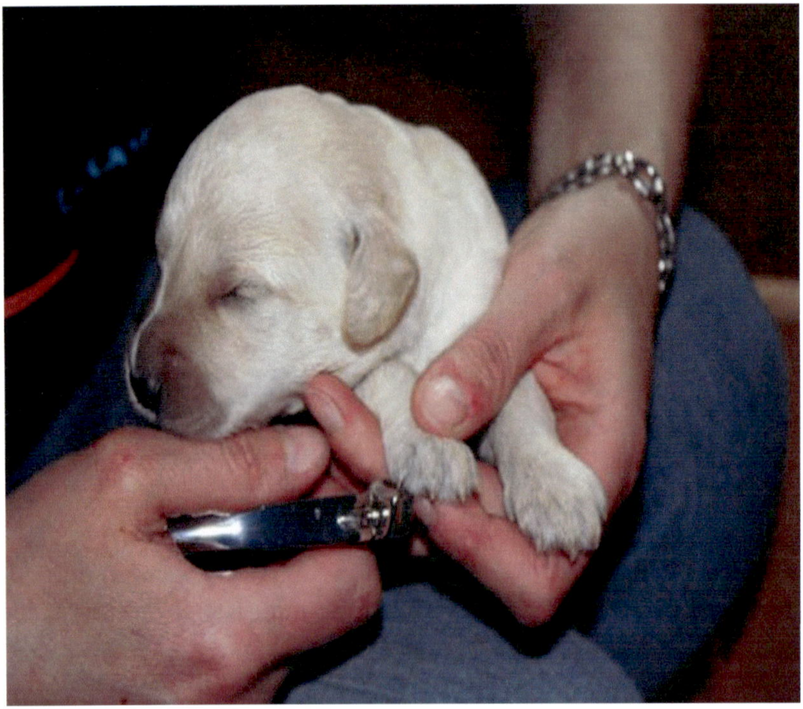

Aktivitäten und Tiergestützte Therapie mit dem Goldendoodle

Goldendoodle sind bei allen Aktivitäten des Herrchens oder Frauchens gern dabei und somit gibt es keine Grenzen außer dass ein Welpe noch nicht soviel und lange wie ein erwachsener Hund toben kann.

Die Talente beider Elterntiere sind immens. Die Lernfreude und gute Trainierbarkeit des Goldendoodle lassen ihn gute Erfolge in vielen Gebieten des Hundesports erzielen. Natürlich macht er aber tausend andere sportliche Sachen nur aus Spaß an der gemeinsamen Beschäftigung mit seinem Besitzer.

Goldendoodle sind ebenso erfolgreich als Blinden- und Führ sowie als Therapiehunde. Ihre Intelligenz, Lernfreude und Bereitschaft für ihr Herrchen zu arbeiten prädestinieren sie geradezu dafür.

Jeder Goldendoodle Züchter ist stolz, wenn eines seiner Zuchttiere oder die Welpen davon wieder erfolgreich an einem Trainingsprogramm teilgenommen haben und Begleithund o. ä. sind. Ich verfolge diese besonderen Wege meiner Babys gern mit und freue mich über den Erfolg des Tieres und neuen Besitzers!

Die niedrige Allergiekomponente des Goldendoodle bot neue Möglichkeiten des Einsatzes besonders für Allergiebeeinträchtigte Menschen mit anderen Handicaps.

In Amerika gibt es viele Ausbildungsprogramme für Hunde. Oft ist er in einer Familie untergebracht, die ihn im Rahmen des Ausbildungsprogramms ausbilden. Wenn er dann ein gewisses Alter erreicht hat, wird er an die Organisation übergeben, wo er auf seine spezifischen Aufgaben vorbereitet wird.

Hildegard von Bingen sagte zu dem Thema:
"Gebt dem Menschen einen Hund und die Seele wird gesund!" Also ist der Ansatz der Tiergestützten Therapie schon viel älter, als wir ahnen.

Ziele der Ausbildung zum Begleithund bestehen darin, dass der Hund sicher im Umgang mit verschiedenen Menschen und ungewöhnlichen Situationen wird und die Bedürfnisse von ihnen registriert. Das Wichtigste ist jedoch eine perfekte Mensch- Tier- Beziehung zwischen dem Besitzer und dem Tier, als Basis für eine gute Arbeit.

Voraussetzungen sind ein Mindestalter von 18 Monaten und ein maximales Alter von 6 Jahren sowie natürlich die bestandene Begleithundeprüfung.

Wichtige Lerneinheiten für den Hund sind u. a. Grundgehorsam bei fremden Personen, Agilityelemente, Erdulden von Berührungen Fremder, Reaktionen auf Ablenkung, andere Tiere, die Frustrationstoleranz und Aggressionshemmung.

Agility ist eine immer beliebter werdende Hundesportart, die ursprünglich aus England stammt und schnell ihren Weg zu uns fand. Sie stellt für mich eine tolle Beschäftigung dar, die den Spaß am Lernen verkörpert und soziale Kontakte halten gesund.

Personen mit chronischen Wer sich für diesen Sport begeistert, sollte ein Teamspieler sein. Denn Mensch und Hund müssen gemeinsam in verschiedenen Leistungs- und Größenklassen möglichst fehlerfrei und schnellstmöglich einen Hindernisparcours bewältigen.
Kondition, Konzentration, gute Führigkeit und volles Vertrauen zum Hundeführer werden hier gefordert.

Es gibt eine Unterscheidung in A- Lauf (Genauigkeit) und B – Lauf (Schnelligkeit). Der Hund läuft im Parcours ohne Halsband und Leine und darf vom Hundeführer während des Laufs nicht berührt werden.

Er wird nur über die Stimme des Hundeführers und dessen Körpersprache navigiert.

Agility- Champions können sich in Landes- Europa- und Weltmeisterschaften beweisen.

Nur gemeinsam ist man stark und so muss der Hund lernen mit seinen Besitzer zu arbeiten und der neue Besitzer muss lernen mit seinem Hund zu kommunizieren. Dies ist ein langwieriger und schwerer Prozess, aber Goldendoodle lieben die Abwechslung und Arbeit mit und für den Menschen.

Man kann viel mehr mit seinem Goldendoodle machen, als nur organisierte Aktivitäten in Vereinen.
Man kann gemeinsam viel Spaß haben: beim Laufen, beim Schwimmen usw.

Goldendoodle lieben sportliche Beschäftigungen und dies ist in Anbetracht ihrer genetischen Herkunft kein Wunder. Natürlich sind der Golden Retriever als einer der sportlichsten Hunde bekannt und der Pudel begeisterte als preisgekrönter Laufhund ganz Europa.

Was immer Sie tun, Sie werden mehr Spaß gemeinsam mit ihrem Goldendoodle haben.

Wenn Sie einen Hund besitzen, haben Sie die allerbesten Voraussetzungen gesunder und glücklicher zu bleiben als ihre Nachbarn ohne Tiere. Viele Studien aus aller Welt belegen wissenschaftlich die positive Kraft der Vierbeiner.

Hunde helfen bei der Stressbewältigung sogar mehr als Partner, denn sie kommentieren nicht. Es ist ihnen egal, ob Herrchen schuldhaft oder aus anderen Gründen gekündigt wurde. Sie geben keine Ratschläge, aber können stundenlang zu hören und trösten.

Schon eine Viertelstunde Toben oder Kuscheln mit dem Hund verändert den Hormonspiegel. Es werden sogar kalorienfreie Glückshormone gebildet und Stresshormone abgebaut. Sogar das Bindungshormon Oxytoxin wird ausgeschüttet, das sonst nur beim Stillen oder Sex entsteht.

Wer mit dem Hund aktiv ist, bewegt sich. So härtet er sich bei jedem Wetter ab und knüpft viele Kontakte zu anderen Menschen. Bewegung, Abhärtung Depressionen profitieren vom Hund. Wer sich um ein Lebewesen kümmern muss, dessen Leben hat einen Sinn. Deshalb stabilisiert ein Haustier Depressive, sie haben einen Grund morgens auszustehen.

Tiere berühren auf einer sehr tiefen Ebene. Ein Hund wedelt freudig und leckt die Hände ab, egal ob man reich oder arm, hübsch oder hässlich, intelligent oder dement ist. Diese Unvorgenommenheit wirkt beruhigend auf Demenzkranke. Amerikanische Studien belegen, dass Demente, die normalerweise nicht mehr auf ihre Umwelt reagieren, plötzlich wieder wissen, wie man einen Hund streichelt. Ebensolch große Erfolge lassen sich bei Autisten nachweisen.

Goldendoodle Zucht

Die Entscheidung Goldendoodle bewusst zu züchten, war letztlich der Bedarf an einen allergiefreundlichen Blindenhund, wie bereits in der Geschichte des Goldendoodle näher beschrieben.

Rasch entwickelte sich die Freude und Nachfrage an ihm und so wurde er zu einem der bedeutendsten Designerhunde unserer Zeit. Ich mag diesen Begriff des so genannten Designerhundes nicht so gern, weil es so künstlich klingt und nichts mit dem lebensfrohen, agilen Goldendoodle gemein hat.

Mein eigener Weg Goldendoodle zu züchten, begann mit der Liebe zum Golden Retriever und der Zucht eben dieser. Erst eine bis dato unbekannte Allergie gegen Hundehaar einer Interessentin brachte mich dazu mich mittels Internet kundig zu machen. So stieß ich auf den Goldendoodle.

Diese Züchtung gefiel mir sehr und so war die Neugier geweckt.

Um meine Idee selbst einen Goldendoodle Zuchtversuch zu starten, benötigte ich einen Pudel und dieser sollte ein Königs –oder Großpudel sein, denn ich wollte einen Standard Goldendoodle, um einen mittelgroßen Hund zu haben.

Die Suche nach einem geeigneten Welpen fiel mir nicht so leicht, da ich ja meine eigenen Vorstellungen von der Züchterin und dem Welpen hatte. Letztlich fand ich genau den passenden Welpen und es war auf beiden Seiten Liebe auf den ersten Blick, bilderbuchmäßig.

Diese Hündin, die aus einer Hausaufzucht einer sehr lieben Züchterin stammt, hat ähnliche Zuchtvorstellungen wie ich und so bekam ich eine wesensfeste, kinderfreundliche Hündin.

Man sagt bei einem Hund seien 10 % angeboren oder genetisch veranlagt und 90 % erzogen von seinen Charakter. Diese kleinen 10 %, die ich direkt beeinflussen kann, verbringe ich als Züchterin schon in einem engen Kontakt zu den Elterntieren und Welpen.

Diese wichtigen Schwangerschaftswochen und ersten Lebenswochen der Welpen sollen ihnen viel Liebe und den Glauben an den Menschen als ihren Freund mit auf den Weg geben.

Als guter Züchter erkennt man das Temperament der Welpen und kann seine Welpen unterscheiden.

Wichtig sind die guten gesundheitlichen und charakterlichen Eigenschaften der Elterntiere.
Völlig unbedeutend ist es, ob der Vater der Pudel und die Mutter ein Golden Retriever ist oder anders herum.

Wichtig ist, dass das Muttertier nie kleiner als der Deckrüde ist, um Komplikationen zu vermeiden.
Die erste Kreuzung zwischen Pudel und Golden Retriever hat eine hohe Allergiefreundlichkeit aufgewiesen.

In Amerika gibt es inzwischen schon Versuche „ first- cross backcross“, d.h. ein Goldendoodle wird nochmals mit einem Pudel verpaart. Auch hier entsteht ein Goldendoodle.

Diese Backcross- Züchtung zeigte eine noch geringere Allergene Belastung als die erste Generation. Dies liegt daran, dass in der Backcross – Kreuzung 25 % mehr Pudelanteil zu finden ist.

Dabei möchte ich wieder darauf hinweisen, dass es keine 100 % Garantie gibt und letztlich nur ein Test aussagekräftig ist.

Ein weiterer Aspekt der Backcross- Züchtung ist die breite Farbvariation, die durch den Pudel hineingekreuzt werden kann.
Golden Retriever sind nahezu alle gleich golden.
Pudel gibt es in verschiedenen Farben und Farbmischungen.

Also gibt es Goldendoodle in vielen verschiedenen Farben und Zeichnungen.

Meine Goldendoodle, die bisher an Allergiker gegangen sind, haben keine allergischen Reaktionen ausgelöst. Jedoch habe ich auch mit Fellproben und Livetest usw. gearbeitet und würde bei einer bekannten Allergie keinen Welpen abgeben, bevor man sich getestet hat und keine Reaktion erfolgte.

Wissenschaftlich nachgewiesen, zeigen Kinder, die mit Tieren und hierbei besonders mit Hunden aufwachsen, weniger allergische Reaktionen, als solche ohne Kontakt zu Hunden.

Die Allergieauslöser liegen ja bekanntlicher Weise in den Schuppen, dem Speichel und dem Haar des Tieres.

Nun zu dem Haaren an sich. Kein Tier, das ein Fell hat, verliert kein einziges Haar, das geht nicht. Die Ausnahme sind Nackthunde, aber diese besitzen ja kein Fellkleid.

Ein paar Haare kann man auch beim Goldendoodle ausbürsten, daher verwende ich den Ausdruck kaum haarend. Jedoch ist es so wenig, dass man es keinesfalls mit dem Fellwechsel z. B. des Golden Retrievers vergleichen kann.

Das Fell bzw. die Fellfarbe verändert sich noch etwas auf dem Weg vom Welpen zum erwachsenen Hund. Einige dunkeln nach Andere werden heller.

Ich möchte nochmals darauf hinweisen, dass sich die Allergiekomponente bei der Kreuzung zwischen Goldendoodle und Goldendoodle verliert. Sie erhalten sicher liebenswerte Welpen, aber ohne die besondere Allergiekomponente.

Jeder Züchter trägt für seine Zucht die Verantwortung und hat seine Standards an sich und das neue Zuhause für die Welpen. Daher schauen Sie sich den Züchter genau an.

Wenn Sie selbst züchten möchten, werden Sie schnell sehen, dass es schwierig wird, einen geeigneten Pudel zum Decken zu bekommen. Viele Pudelzüchter sehen unsere Goldendoodle als Mischlinge oder Schlimmeres an.

Mit einem Hund selbst züchten zu wollen, birgt viele Risiken, bis hin zum Verlust des geliebten Tieres. Deshalb nicht nur aus dem hoffentlich theoretischen Wissen, sondern am besten bei einem erfahrenen Züchter oder Tierarzt lernen.

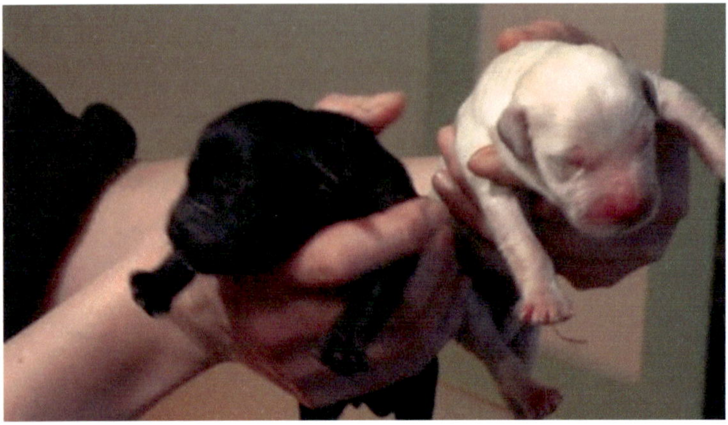

Jeder, der ein guter Züchter werden möchte, benötigt einen finanziellen Grundstock, sehr gutes Fachwissen, eine hohe psychische und physische Belastbarkeit sowie emotionale und moralische Stärke. Sowie last but not least : gesunde, tolle Zuchttiere !!!

Sie haben die Elterntiere und bringen zur und auf die Welt. Sie geben ihnen die ersten und wichtigsten Voraussetzungen mit.

Wenn Sie nicht genügend Geld, und es kostet Einiges, mehr als Sie erwarten, Zeit und harte Arbeit in die Zucht investieren wollen und können, ist es besser keine Tiere egal was für welche zu züchten.

Man muss darauf vorbereitet sein kranke oder schwächere Welpen im Notfall 24 Stunden am Tag und in der Nacht betreuen und pflegen zu können. Dies ist wirklich harte Arbeit, besonders in den ersten zwei Lebenswochen, wo eine Fütterung alle zwei Stunden erforderlich ist.

Später benötigen die Welpen neben viel Liebe, Futter, Auslauf täglich frische Luft, Sonnenschein, Training, Spiel und Alltag.

Jeder Züchter hat sein spezielles Futter für das Muttertier und die Welpen.

Das Muttertier trägt die Welpen ungefähr 63 Tage.

Eine Welpenstube/ Wurfkiste soll einen ruhigen, warmen Platz, der auch ungestört ist, haben.
Viele gute Züchter verbringen die ersten zwei Wochen im gleichen Raum und schlafen auch dort. So ist man immer in der Nähe und kann im Notfall sofort eingreifen.

Die Wärme ist besonders für die Kleinen sehr wichtig, da sie noch nicht selbst ihre Körperwärme regulieren können.

Es ist wichtig das Muttertier dabei zu unterstützen, damit alle Welpen den Weg an die Zitzen oder Milchquellen finden und auch saugen können.
Die erste Milch so genannte Kolostrialmilch ist besonders wichtig, da sie die Welpen mit einer Art Grundimmunisierung durch die Mutter vor vielen Erregern schützt.

Der Züchter kann durch leichtes Streichen über den After des Welpen die Darmentleerung anregen und so auch das Muttertier unterstützen.

Ich sehe meine Aufgabe als Züchterin auch als liebevolle, hilfsbereite Ersatzmama.

während der Schwangerschaft über die Geburt und die weitere Aufzucht lernen die Welpen, wie sich das Muttertier dem Menschen gegenüber verhält und auch umgekehrt.

Liebe sät Liebe!

Deshalb ist ein gutes, liebevolles Zuhause Basis für einen gut sozialisierten Welpen.
Meine Welpen wachsen im Haus, geliebt und umsorgt von allen Familienmitgliedern und anderen Tieren auf und sind somit gut häuslich sozialisiert.

Ihr erstes Training beginnt bereits mit 4 Wochen, dem ersten Auslauf, Sauberkeitstraining, Auto fahren u.s.w.

Aber überdenken Sie eine Zucht ganz genau. So schön, wie es ist Leben entstehen zu lassen und wachsen zu sehen, so gründlich muss man auch ein geeignetes, liebevolles Zuhause finden.

Abschlussworte

Ich hoffe, ich habe Ihnen einen Überblick über die Goldendoodle gegeben und die Lust darauf geweckt mal zu schauen, ob Sie nicht vielleicht schon mal einen Goldendoodle gesehen haben.

Es gibt schon Einige in Deutschland, man muss nur genau schauen und die Besitzer fragen.

Das große Interesse am Goldendoodle kann ich ja täglich auf unserer Homepage:

www.goldendoodle.beepworld.de

sehen. Viele Fragen, die ich schon unzählige Male telefonisch, per Mail oder im persönlichen Gespräch beantwortet habe, sind hier beantwortet.

Ihnen und Ihren Lieben Zwei- und Vierbeinern alles Gute auf Ihrem gemeinsamen Weg !

Theres Behnemann

Bis bald!!!

9 783839 113776